AF611894

# TIPASA

## PROJET D'ÉTABLISSEMENT

D'UNE

# FERME-VILLAGE

## A TIPASA (ALGÉRIE)



PAR

**CHARLES NATTE**

Propriétaire-Colon, Membre actif de la Société de Statistique de Marseille, Correspondant de l'Académie Pontanienne de Naples, de la Société de Statistique Universelle, de l'Académie de l'Industrie Agricole, Manufacturière et Commerciale de Paris, etc.,

**MARSEILLE**

IMPRIMERIE SENÉS, RUE CANEBIÈRE, 15.

1854

PROJET D'ÉTABLISSEMENT

D'UNE

# FERME-VILLAGE

A TIPASA (ALGÉRIE)

Tous pour tous.

## CONSIDÉRATIONS GÉNÉRALES

Nous progressons toujours, nous avançons continuellement vers l'amélioration, nous sommes fatalement portés à innover; heureux, lorsque cette tendance, empreinte de curiosité, de générosité et d'intérêt personnel, cette marche à travers les siècles, nous amènent à des résultats dont l'efficacité s'applique immédiatement au bien-être de notre race.

L'esprit de changement et la recherche du repos tendent à éloigner les hommes des travaux pénibles de la terre; l'esprit de l'étude et l'amour du vrai savoir les reportent vers le plus noble, le plus simple, le plus gracieux, le plus utile de tous les arts: l'Agriculture. Il y a eu changement de position, dans l'ordre primitif : ce ne sont plus les classes inférieures, qui cherchent à conserver les bonnes traditions de nos pères, les paysans désertent les campagnes pour venir augmenter les rangs du prolétariat; ce sont les classes aisées, les classes riches de l'époque, qui, mues par des sentiments généreux, se jettent, avec ardeur, dans tout ce qui a rapport à l'amélioration et à l'augmentation des produits de la terre. L'Agriculture a bénéficié en intelligence; mais elle a perdu en élément de force, ce qu'elle a acquis en théorie.

Toutes les questions, qui se rattachent à cet ordre de choses, ont donné lieu à un immense mouvement intellectuel, qui les a fait traiter avec l'attention qu'elles méritent. Que de pages ont été écrites à ce sujet ! Que d'efforts n'a-t-on pas faits pour soutenir et aiguillonner le courage de ceux, qui voulaient abandonner ces fatigants labeurs ? En feuilletant ces livres que le temps a jaunis, que de déceptions et d'espérances n'a-t-on pas éprouvées, selon le sentiment, qui dictait cette étude. En voyant les campagnes dépeuplées par les guerres, qui ont été la conséquence de notre révolution, combien n'a-t-on pas jeté de cris de détresses !... Quand ces guerres cessèrent et que la paix, régna sur l'Europe, au moment où l'espérance commençait à renaître; combien, dans le cœur, n'a-t-on pas souffert de voir continuer une désertion, ruine de nos campagnes, pour aller alimenter les gigantesques innovations du commerce et de l'industrie.

Un événement, digne de remarque ; jalon éternel, dans la marche du siècle, vint relever un moment l'abattement des amis de l'agronomie. La conquête de l'Algérie, en donnant à la France un nouveau et immense territoire à occuper, ranima leur noble sentiment, et ouvrit une large et vaste carrière à leur persistante émulation.

Dans l'époque actuelle, avec l'ampleur qu'ont acquise nos connaissances, le travail intellectuel et organisateur ne craint pas de s'élever vers les hautes régions de l'agriculture, comme il a fait prospérer et grandir les arts, l'industrie et le commerce.

Quelle large issue la possession de la côte du nord de l'Afrique, n'a-t-elle pas ouverte aux investigations, aux essais de tous les genres. La pensée colonisatrice a pénétré les études les plus fécondes, pour étendre le développement de l'économie rurale et de la famille.

Au milieu des controverses soulevées, pour arriver toutes au même point ; nous n'avons pu rester froid devant les utiles conséquences d'une colonisation régénératrice ; et nous avons voulu aussi apporter notre pierre au monument.

Il n'est pas, selon nous, de questions plus vivaces, plus utiles, que celles d'appeler nos compatriotes à jouir, en Algérie, des bienfaits d'un sol fertile.

Nos efforts ne seront peut-être pas couronnés du succès que nous voudrions y attacher ; nous croyons, pourtant, malgré cette incertitude, devoir développer notre pensée toute entière, pour la livrer à la méditation, à la discussion.

Un regard rétrospectif et rapide, sur l'historique administratif de cette nouvelle colonie n'est pas à négliger ; Nous pourrons, peut-être, tirer d'un passé déplorable d'utiles enseignements pour l'avenir.

# HISTORIQUE ADMINISTRATIF.

Au point de vue administratif, l'Algérie a été soumise à une foule d'épreuves malheureuses, qui ont montré à nu l'incapacité des systèmes mis en vigueur.

Une des premières fautes du gouvernement de l'époque, fut de placer à la tête des affaires des intelligences secondaires, poussées et accréditées par l'esprit de népotisme.

A peine, quelques capacités y apparurent-elles, comme des lumières douteuses, au milieu de ce vaste désappointement, pour disparaître aussitôt : Encore, arrivèrent-elles, avec des théories d'administration toutes moulées, qui restèrent à l'état d'essais et que l'expérience a condamnées, en en faisant bonne justice.

Méfiant, lui-même, du choix de ses agents, le gouvernement voulut conserver, par devers lui, la haute main administrative, la suprématie d'action. Il créa une centralisation à la tête de laquelle, il plaça des gens peu nourris dans la pratique : hommes à systèmes, qui fondèrent, dans la grande centralisation française, une centralisation hétérogène, qui n'avait aucune analogie avec la première, et qui, pendant vingt années, n'a vécu que de tâtonnement et de recherches.

Les besoins coloniaux se multipliaient avec l'accroissement de la population; celle-ci réclamait avec énergie, une organisation définitive. A la direction générales des affaires de l'Algérie, à Paris, tout arrivait tronqué, dénaturé, avec exagération, par les employés de la colonie. Les renseignements ne parvenaient jamais sous leurs points de vue réels. Les commissions, chargées de connaître la vérité, ne l'étudiaient qu'à travers les prismes administratifs et militaires des hauts fonctionnaires, qui la faussaient, suivant leur point de vue du moment, ou leur intérêt personnel.

De là, ces tiraillemens continus, ce désaccord, cette mésintelligence entre l'administration et la population, qui ont tant déconsidéré cette dernière, et dont les résultats immédiats ont été d'arrêter tout l'élan généreux, qui la poussait à coloniser à ses risques et périls et qui l'ont éloignée du vrai, du seul but de toute colonisation : l'agriculture.

Toutes les fois que l'administration a laissé aux colons leur libre liberté d'agir, on a vu les affaires prendre une extension rapide ; car, sans secours du gouvernement, les grands centres de population, comme Alger, Oran, Bone, Philippeville, Blidah, etc., etc., dans moins de cinq années, ont été construits et sont devenus des points importans pour le commerce.

Partout où le colon a trouvé sécurité pour ses établissements, il a fondé, comme par enchantement ; et là, où le voyageur n'avait laissé qu'un sol sans culture, il retrouvait, après quelques années ; que dis-je, quelques années ! après quelques mois, un jardin, une ferme, un village, une ville même, élevée par la seule et énergique volonté du colon.

Les nombreux essais, auxquels se sont livrés nos hommes d'état, depuis l'occupation du territoire algérien, n'ont amené aucune solution satisfaisante ; ils n'ont servi qu'à surcharger la mère-patrie d'un budget onéreux, inutile, décourageant ; et il a fallu qu'une pensée grandement généreuse, que le sentiment de gloire nationale fût bien enraciné au cœur des Français, pour ne pas reculer devant les énormes sacrifices imposés, sans jamais arriver à résoudre la grande question africaine.

A un moment donné, le gouvernement favorisa l'émigration en Algérie; il vota cinquante millions et de même que les Romains, nos devanciers, il employa l'armée pour défricher le territoire des nouveaux centres de population à établir, afin que les émigrans, peu habitués au climat dévorant de l'Afrique, n'eussent plus qu'à continuer l'œuvre colonisatrice. Des secours en nature, tant pour les premiers besoins de la vie que pour les moyens d'exploitation, leur furent distribués pendant trois années; ainsi le colon avait le tems d'obtenir des récoltes suffisantes, sinon abondantes.

Pour nous, observateur, qui suivions avec attention le développement de ce nouveau système, tout en y apercevant quelques défectuosités, nous espérions que le but allait être atteint. Mais bien fragiles sont les choses humaines. Les événemens imprévus de la révolution de 1848 vinrent bouleverser ce que la sage prévoyance du gouvernement voulait établir. On continua à favoriser l'émigration vers l'Afrique; seulement, voulant se débarrasser d'une classe de population, que la république trouvait trop tracassière, au lieu d'envoyer des agriculteurs, des hommes durcis aux travaux de la campagne, on expédia, par milliers, des ouvriers d'art, dont la mollesse et le peu d'habitude d'un travail rude n'ont pu résister aux émanations malsaines d'un pays neuf.

Les nouveaux colons ont disparu; les secours se sont épuisés en dépenses inutiles, et le petit nombre de ceux qui existent encore, rentrés sous le régime général de l'administration africaine, végètent sans espérance de voir un jour leurs efforts arriver à la réussite.

Un grand vice ronge ces établissements agricoles; nous croyons l'avoir découvert et nous espérons avoir trouvé le remède.

Les institutions coloniales ont bien assuré l'entière possession et la sécurité d'action des colons; mais elles ne sont point assez descendues dans les détails de la vie en commun; elles ont prévu la corrélation générale de tous ces centres entr'eux et leur convergence vers le centre principal; mais elles n'ont rien réglé, rien établi, qui assure la vie et l'avenir de la famille; en instituant des communes, le législateur n'a pensé qu'à leur vie politique; l'économie privée est restée dans l'oubli; tous les détails ont été négligés pour ne pas dire imprévus.

Le mal est grand, nous devons en convenir; l'infructuosité des institutions et des réformes tentées a usé, jusqu'à aujourd'hui, les hommes et les choses. Avec les éléments infimes dont on s'est servi, on a replâtré, tant bien que mal, la vétusté des vieilles routines, et on a négligé, même volontairement, le mouvement progressif de la marche sociale.

Pour faire l'application logique d'une théorie, il faut remonter à son principe et en déduire les conséquences qui naissent de l'ordre de choses établi et des événements. Avant de créer un empire, la sagesse divine a constitué la famille; la commune est venue ensuite. Eh bien! c'est dans la création d'une commune, d'une vraie commune, où l'esprit d'association, l'intérêt de famille, l'ordre de prévoyance gouvernent, que nous trouverons les éléments d'une colonie de travailleurs et de frères.

Dans le cours de ce mémoire, nous donnerons plus de développement à notre pensée, qui, pour quelques-uns, pourrait paraître imbue de socialisme.

Loin de nous une pareille qualification, dans l'acception qu'on lui donne aujourd'hui; nous la repoussons énergiquement. Nous n'entendons parler que de la société civile et commerciale, telle que la règlent nos lois et notre morale.

Avant d'entrer en matière, nous allons aborder la question topographique et descriptive de notre sujet.

## TIPASA.

Sur la côte septentrionale de l'Afrique, par le 36°, 8', 30" de latitude et le 0°, 7' de longitude *Est* du méridien de Paris, (Déclinaison de la boussole 18°, 19' N.-O.), s'élevait autrefois une belle et imposante cité, dont l'antiquité et la grandeur ne le cédaient à aucune ville de l'ancien monde.

Cette ville était le rendez-vous commun de tous les commerçants de la Méditerranée.

Des transactions importantes d'échange unissaient les peuples, qui avoisinent le Sahara, ceux, qui bordent le littoral africain de la Méditerranée, aux nations du vieux continent de l'Europe. Une foule compacte se mouvait dans des rues enlignées, espacieuses, ornées de maisons et de monuments magnifiques.

Elevée au centre de la Mauritanie Césarienne, *Tipasa*, aujourd'hui *Tessed*, rivalisait, par son commerce et son industrie, avec la belle et plus moderne cité : *Julia Cesarea* de nos jours *Cherschel*.

Que sont devenues les générations, qui donnaient la vie à cette riche contrée ? qu'a fait le temps de ces superbes palais, de ces quais, sur lesquels s'étalaient de riches produits ; de ces navires de toutes nations, qui en encombraient les ports ? Tout a disparu ! luxe, monuments, navires, population ; tout a été englouti ! Les uns sont retournés en poussière, les autres gisent sur le sol, à l'état de cadavres, pour apprendre au voyageur, que là, avait jadis existé une ville florissante, détruite par l'instabilité des choses de ce monde. Les chênes, les lentisques, les plantes parasites se sont emparées de ces monuments et les étreignent de leurs bras vigoureux ; et la terre, où germent des moissons, où paissent des troupeaux, sert de linceuil à une cité. La mer, elle-même, a concouru à l'acte de la dévastation ; elle a disséminé, dans ses profondeurs, les digues, les constructions, qui formaient son port, et abritaient les vaisseaux contre la tempête. Le doigt de Dieu l'avait désignée ; il avait effacé de ses portes le sang de l'agneau qui devait la faire épargner; il l'a punie de ses débordements et de ses hérésies : et, par un prodige surprenant, avec le nom de Tipasa, comme témoignage de sa toute puissance, il n'a conservé de son histoire, qu'une légende miraculeuse, et de ses monuments, qu'une église et une nécropole chrétienne.

Malgré les funestes antécédents, qui ont présidé à l'existence précaire de cette contrée et les ruines qui jonchent aujourd'hui un sol inégal et sablonneux, la ville de Tipasa pourrait offrir, en y plaçant un centre de population, de grandes ressources, pour la colonisation de l'Algérie.

Avant de parler de ce qu'elle promet d'être, nous allons tracer rapidement les notions historiques que nous avons recueillies sur sa fondation et sur les phases de sa vie.

Comme la plupart des villes, qui bordent la Méditerranée, et surtout le littoral de l'Afrique, *Tipasa*, qui s'appelait *Thapsus* dans l'origine, doit sa fondation à des navigateurs phéniciens. Cette nation établissait des colonies, dans tous les lieux, où se présentait un aliment à son commerce, partout où elle trouvait un débouché à ses produits.

Les nouveaux habitants eurent bientôt établi des relations de voisinage et d'échange, avec les peuplades d'alentour, telles que : les *Icompenses*, possesseurs du territoire, les *Nababes* de nos jours, les *Beni-Menasser*, qui occupent les rives de l'*Isser*, les tribus des gorges du *Chenouan*, celles de la vallée du *Nador* et de l'ouest de la plaine de la *Mitidja*. Aussi Tipasa prit une extension rapide.

Sous la domination romaine, l'empire crut devoir lui accorder le titre de colonie, et 35 ans avant l'ère chrétienne, *Juba* 2., qui releva le royaume de Numidie, et en fixa le siège, à *Jol* à laquelle, par courtisannerie, il donna le nom de Césarée, contribua à l'aggrandissement et à l'embellissement de *Tipasa* qu'il dota d'édifices magnifiques.

*Tipasa* accrut encore d'importance, quand Claude eut divisé la Mauritanie en *Tingitane* et *Césarienne*. Elle faisait partie de la seconde province. Une multitude d'Européens vinrent alors s'y fixer.

Plus tard elle devint le siège d'un évêque (*Episcopus Tipasitanus*) ; le seul d'entr'eux, dont le nom soit venu jusqu'à nous, est celui de *Reparatus*, qui vivait en 484 et qui fut exilé par *Hunéric*.

L'histoire de cette cité ne peut être isolée de l'histoire générale du nord de l'Afrique ; elle subit le sort de toutes les villes, qui se sont courbées, avec impatience, il est vrai, sous le joug de tous ceux qui ont voulu les conquérir.

*Tipasa* se ressentit peu de la domination Carthaginoise; mais sous celle des romains, on la voit grandir et se rendre digne d'être comprise dans le dénombrement de l'empire.

Les institutions romaines ne furent point assez efficaces pour se rendre maîtresses de l'humeur tracassière des habitants, et l'armée fit constamment de grands efforts pour maintenir les vaincus dans l'obéissance.

Mais ce qui contribua puissamment à entretenir ces peuples dans un état permanent de trouble et d'agitation, ce furent les querelles religieuses qui, en Afrique, à cause de l'exaltation des esprits, eurent plus de durée et plus d'intensité qu'autre part.

Les hérésies d'*Arius* et de *Donat*, ensanglantèrent souvent le sol de *Tipasa*, et vinrent joindre leurs passions fanatiques aux persécutions des empereurs romains.

*Saint-Optat* et *Victor de Vite* nous ont tracé des tableaux sublimes des martyrs, qui confessèrent, à cette occasion, la religion catholique.

La chronique nous rapporte que, sous *Julien l'Apostat*, deux évêques donatistes : *Urbain de Formes* et *Félix d'Idiere*, vrais fléaux des chrétiens, se rendirent à *Tipasa* accompagnés du gouverneur *Athenius* et de sa légion, en chassèrent les catholiques, battirent les hommes, massacrèrent les enfants, jetèrent l'eucharistie à des chiens, qui, pris de fureur, se tournèrent contre leurs maîtres, corrompirent des religieuses ; et *Félix* poussa l'extravagance et le sacrilège jusqu'à coiffer l'une d'elles de la mître : coiffure que l'on donnait alors aux vierges, qui se consacraient à Dieu.

La trahison du comte Boniface, général romain, qui vendit, en quelque sorte, l'Afrique aux Vandales, ne fit qu'aggraver le sort des chrétiens de Numidie.

*Genséric* commandait ces hordes, sorties du fond de la Germanie. Convertis au christianisme, les Vandales embrassèrent l'arianisme et par leur exagération en matière de foi, ils persécutèrent cruellement les chrétiens orthodoxes ; ils saisirent, avec avidité, cette proie vierge des incursions barbares, et se hâtèrent de dépouiller les églises, d'en chasser les prêtres, et de s'emparer des richesses qu'elles contenaient.

Après la mort de *Genséric*, *Hunéric* son fils continua l'œuvre de destruction. Avec les siens, il voulut introniser un évêque ; les habitants de *Tipasa* effrayés de ce sacrilège résolurent d'abandonner la ville et de porter en Espagne leur industrie et leur fortune. Ceux qui purent se procurer des barques, échappèrent aux violences dont cette intronisation fut le prétexte ; ceux à qui la fuite fut impossible, assumèrent sur eux toute la colère d'*Hunéric*. Ils furent traînés sur la place publique, exposés aux insultes des soldats et de la populace ameutée, et eurent la langue et la main coupées.

*Victor de Vite* rapporte : qu'un *sous-diacre*, nommé *Réparatus*, subit ces mutilations ; et que, par un miracle, il continua à parler aussi clairement qu'auparavant.

*Inée de Gaza*, philosophe platonicien, qui se trouvait à

Constantinople, assure avoir vu et parlé à ce *Réparatus*, qui s'y était réfugié. L'historien *Procope*, le *comte Marcelin*, dans leur chronique, témoignent de ce fait.

Sous les successeurs de *Genséric*, les Tipasiens eurent à souffrir encore de ces guerres de religion. A la chûte des Vandales en 534, *Tipasa* passa, avec les autres villes d'Afrique, sous la domination bysantine ; mais, si elle respira plus à l'aise sous ces nouvelles institutions, elle fut impuissante pour se préserver contre les donatistes et les tribus insoumises des monts *Ferratus* (Djurjura), qui, par des attaques multipliées et des rapines journalières la ruinaient en détail. Aussi, lorsque le général *Théodose*, père de *Valentinien*, vint secourir les chrétiens persécutés, il arriva trop tard pour les sauver, *Tipasa* n'était plus qu'un monceau de décombres.

Un événement qui devait l'anéantir à tout jamais se préparait au fond de l'Arabie.

En 608, Mahomet commença à publier ses préceptes religieux. Sa doctrine se répandit avec rapidité parmi ces peuples ignorants et sensuels ; il flatta leurs passions et eut bientôt de nombreux adeptes. Avec eux, il envahit l'Egypte et fondit sur l'Afrique.

L'Eglise fut de nouveau persécutée ; tout ce qui avait reçu le baptême fut martyrisé ; les villes saccagées ; enfin, en 713, toute l'Afrique se courba sous l'étendard de Mahomet.

Les habitants de *Tipasa*, qui avaient survécu aux désastres, cherchèrent à la relever de ses ruines ; ils parvinrent à rassembler, en ville, les matériaux épars sur le sol ; mais leurs efforts devaient être vains ; elle fut de nouveau complètement détruite en 1507, par *Muley Mahamet*, bey de Tunis.

## TOPOGRAPHIE PHYSIQUE.

Le gissement de Tipasa repose sur une plaine dont les abords du côté de terre sont faciles et doux; C'est au pied des murailles de la ville, que viennent mourir et disparaître les derniers soulèvements géologiques du Sahel.

Les forces volcaniques, qui ont bouleversé ces contrées, ont eu leur foyer placé, dans la chaîne du petit Atlas, au lieu appelé : col de *Téniah*. Elles semblent s'être épuisées, en s'éloignant du centre et se rapprochant de la mer; tandis qu'elles paraissent renaître, avec plus de vigueur, plus d'intensité, dans le système volcanique, dont le mont *Zakar* est le noyau, et dans les ramifications de ce système, qui disparaissent dans la mer au mont *Chenouan*.

C'est à la montagne dite : col de *Téniah* qu'a lieu le partage des eaux, qui alimentent le pays, et que se trouvent les sources: 1o de la *Chiffa*, dont le cours se dirige vers l'est; 2o de *L'Oued-Djer*, qui coule vers l'ouest, pour ensuite, par un retour vers l'est, venir rejoindre la *Chiffa*, dans la plaine de la *Mitidja*, sous le nom de *Mazafran*, après avoir traversé le lac *Halloula*; 3o du *Chétif*, qui déverse ses eaux, d'abord vers le sud, pour aller joindre la plaine qui porte son nom, ensuite vers l'ouest; et après avoir porté la vie et l'abondance à cette grande plaine, qu'il parcourt dans toute sa longeur; vient se jeter à la mer aux pieds des monts *Zegnoun* et *Makioun*.

Un grand nombre d'autres sources sourdent de ce point élevé de plus 1,500 mètres au-dessus du niveau de la mer, et s'irradient vers tous les points, même dans la direction du *Djurjura*, l'ancien *Mons Ferratus* des Romains.

Tipasa est peu distante de plusieurs grandes villes. Du côté de l'est, quinze lieues seulement la séparent d'Alger; et du côté de l'ouest, elle n'est qu'à trois lieues de Cherchell. Par mer, sa distance, de ces deux ports, est encore plus rapprochée.

Le mont *Chenouan* se trouve entre *Tipasa* et *Cherchell*. Une de ses radiations s'immerge dans la mer en y formant le promontoire dit : *Raz-el-Amouch*, sur la crête duquel passe la méridien de Paris.

A l'ouest de la ville, entr'elle et le *Chenouan*, se trouve une baie spacieuse, qui forme le port de Tipasa, appelé en arabe : *Mers-el-Amouch*.

La rivière du *Nador* ou *Gourmaat* naît de l'écoulement des eaux qui s'épanchent des flancs du *Chenouan*, vient déboucher dans cette baie. Celle-ci est profonde : les navires, même de haut-bords, y trouvent un très bon mouillage, sur un fond de vase, de sable et de roches, et sont parfaitement abrités des vents d'ouest et de nord-ouest, ainsi que des courants rapides, qui arrivent du détroit de Gibraltar.

Les vents d'est et du nord y soufflent avec violence; il serait facile, au moyen de quelques travaux d'art, d'en faire un port vaste et sûr. Les navires peuvent, sans aucuns risques, raser la terre de très près, la falaise se trouvant à pic, et plongeant verticalement dans la mer à une profondeur qui varie de 16 à 25 mètres.

C'était un des principaux ports, d'où s'écoulaient, vers l'empire romain, ces immenses quantités de blé, recoltées jadis dans les plaines de la *Mitidja* et du *Chélif* : Ce qui avait fait considérer l'Afrique comme le grenier de Rome.

On y recueillait aussi beaucoup de sel marin, dans de salines, qui existent encore bien conservées et qu'il sera facile de rendre à leur destination, avec très peu de frais.

Une d'elles, que nous avons découverte, et qu'à cause de sa grandeur on pourrait confondre avec une crique, pour mettre les bateaux à l'abri, est creusée dans un seul bloc de roche, dont les parois latérales sont taillées en muraille d'un mètre cinquante de hauteur en dedans et en dehors; sa forme est celle d'un carré long; elle est percée d'une seule ouverture carrée d'un mètre de large environ; on y voit deux rainures perpendiculaires pour y glisser une écluse et empêcher la communication avec la mer, dont elle est entourée.

Sa longueur, dans œuvre, est de 60 mètres et sa largeur de 37 mètres, ce qui donne une superficie de 2,220 mètres; le fond est enduit d'un stuc, qui a résisté aux sels rongeurs du temps et de la mer; il n'est recouvert que de 25 à 30 centimètres d'eau.

Du côté du nord, la ville a une longueur de 1,600 mètres et du midi, elle n'a que 1,100 mètres; sa largeur moyenne est de 350 mètres; sa figure est un trapézoïde, un carré long irrégulier; elle occupe une superficie de 47 hectares.

Les remparts existent encore, à part quelques brèches de peu d'importance. Il serait facile de les réparer, car les matériaux sont sur place; ils enclôsent la ville sur les trois faces, qui regardent la terre, et la défendent contre les attaques des ennemis; la face, qui est au nord, est à l'abri d'un coup de main, par les récifs, qui bordent le rivage, sur une partie, et par une falaise très élevée, taillée à pic, qui occupe l'autre partie.

Cette ceinture de fortifications romaines, règne sur une longueur de plus de 2,000 mètres; elle est flanquée, de distance en distance, de quatorze tours qui dominent la campagne, et ont chacune une issue pour les communications du dehors au dedans. On y remarque des constructions en ruines, qui servaient de corps-de-garde, d'autres plus grandes étaient des casernes; il y a de grandes citernes qu'on n'aurait qu'à déblayer des matériaux qui les encombrent, pour les rendre à leur usage. L'une d'elles offre, dans œuvre, 15 mètres de long sur 10 de large et environ 6 mètres de profondeur; les décombres ont empêché d'en reconnaître la profondeur totale.

Tous les édifices et les maisons avaient des citernes que l'on retrouve encore, mais qui sont devenues des terriers, où les lapins foisonnent.

---

## DIRECTION DES REMPARTS.

---

En prenant, comme point de départ, l'angle nord-est de la ville, à sa jonction avec la mer, au-dessus de la falaise, qui la domine, se trouve une tour, qui surplombe une porte de communication avec le cimetière chrétien. Le mur d'enceinte se dirige vers le sud-ouest la longueur de 260 mètres, puis par un angle obtus de 120°, il tourne vers le nord-ouest-quart-ouest l'espace de 50 mètres; un angle de 100° le contourne et le fait diriger vers le sud-ouest, avec une différence d'inclinaison d'à peu près 10° vers l'est pendant 200 mètres. Là, est un des angles principaux de la ville, il est percé d'une porte avec sa tour et d'un passage voûté. Le rempart commence alors à courir directement vers l'ouest, pendant une longueur de 1,100 mètres, il est percé de deux portes de sortie; ensuite il tourne vers le nord avec une légère courbe et vient finir à la mer sur de hauts rochers qui sont sur le rivage.

Un ravin coupe la ville en deux quartiers; les eaux de ce torrent, n'étant plus maintenues, par des constructions, ont profondément creusé son lit et ont défoncé ses bords; il reçoit les eaux pluviales, qui descendent des collines situées au sud, à peu de distance de la ville; il passe sous une de ses portes; sur son cours il y a des grands réservoirs circulaires, en forme de tour, probablement construits pour arrêter les eaux et les laisser épurer.

Ce ravin arrive à la mer, en passant sous une grande terrasse, servant de place publique, pavée d'une mozaïque, dont nous avons emporté quelques fragments. Cette mozaïque est ensevelie sous les sables; de ce point les promeneurs apercevaient l'immensité de la mer et jouissaient du spectacle ravissant qu'offrait la circulation des navires et des barques, qui fréquentaient leur port et sillonnaient la rade.

La cité paraît avoir été divisée en deux quartiers distincts et formait deux villes, différentes de mœurs, différentes de religion. La ville payenne occupait le côté de l'ouest et aboutissait à un monticule, qui domine la baie, on y voit encore leurs tombeaux, le côté de l'est était affecté aux chrétiens ; c'est la partie, qui a le plus souffert de la dévastation vandale.

Par une pente douce le terrain s'élève graduellement jusqu'à la porte de la ville, située au nord-est, placée sur la falaise au bord de la mer et conduisant au cimetière chrétien. La voie s'élève toujours en longeant la falaise et aboutit au champ du repos.

L'œil est surpris de la quantité de sarcophages, qui gisent sur le sol, ou sont en partie ensevelis sous les sables. Après en avoir compté quelques milliers, nous nous arrêtâmes fatigués. Il y en a de toutes dimensions ; ils sont creusés dans un seul bloc, en pierres du tuf dont la montagne est formée. Le couvercle qui les recouvre est aussi d'un seul morceau, taillé en angle saillant sur la face supérieure.

Ces tumulus affectent en général la figure d'un carré long; quelques-uns sont divisés intérieurement et peuvent contenir deux cadavres ; d'autres ont une partie demi circulaire pour y placer la tête.

A cinquante mètres environ de la porte du cimetière, se trouve un édifice carré, construit en pierres de taille, occupant, dans œuvre, une superficie de 144 mètres ; une porte communiquait à une pièce carrée de dimension plus petite. Cette construction devoit être affectée au gardien ; pourtant une grande quantité de tombes empilées, sans ordre, les unes sur les autres, permettrait de croire que c'était là un des ateliers de tailleurs de pierres.

En continuant à gravir la montagne, toujours à travers des tombes, se rencontre un autre atelier. Les sarcophages confectionnés sont en plus grand nombre, qu'autour du premier établissement. Ce devait être le chantier principal; il en a, qui ne sont pas encore achevés.

En sortant du cimetière, sur un plâteau, qui couronne la montagne, on arrive à l'église chrétienne, dont le péristyle faisait face à une petite place.

Cette église est construite en grandes pierres de taille, superposées sans ciment, d'un mètre cinquante centimètres de longueur, sur soixante-dix centimètres d'épaisseur.

Les principaux murs sont encore debout. La longueur totale de l'église, dans œuvre, est de 30 mètres 75 centimètres et sa largeur de 14 mètres 60 centimètres. La couverture s'est affaissée et encombre le sol, pêle-mêle avec les colonnes, les autels; l'herbe croît dans les intervalles de ces monceaux de matériaux. En fouillant, nous avons retrouvé une grande croix en pierre, dont nous nous bornons à donner le dessin. Ce fut avec la plus grande peine, que nous la découvrîmes et que nous la retirâmes du milieu des décombres. Nous la déposâmes à côté de la porte latérale de la façade du nord, espérant venir la chercher avec un moyen de transport. Les circonstances ne nous ont pas permis de donner suite à ce projet, que nous aurions été heureux d'exécuter. Nous avons aussi pris le dessin d'un chapiteau en marbre, d'ordre corinthien, parfaitement conservé.

Cette basilique, par sa position domine la cité et la mer. Elle recouvrait de ses bénédictions tutélaires les habitants de la ville et de la campagne, voyait, à ses pieds, ramper le quartier et les temples païens, et sa croix, véritable monument de foi, qui a résisté à la destruction des Vandales et des impies, pourrait encore, comme dans le passé, servir de point de reconnaisance aux navigateurs et de guide aux voyageurs égarés, dans ces steppes difficiles et inhospitalières.

La ville païenne possède encore de ruines imposantes. D'abord, près du ravin, dont nous avons parlé plus haut, on voit des vestiges, qui, selon toute apparence, ont appartenu à des bains. Une salle existe encore, c'est celle de l'étuve ou *calidarium*; elle est carrée, ayant 8 mètres 80 centimètres de long, 4 mètres 80 centimètres de large; les murs ont une hauteur de 8 mètres 80 centimètres; elle est percée aux deux extrémités d'une porte à plein-cintre, qui devait servir à l'entrée et à la sortie. A un mètre du sol intérieur, sont encore attenant aux murs, à une distance de soixante centimètres l'une de l'autre, les pierres d'arrachement, qui soutenaient le plancher de l'étuve, aujourd'hui écroulé. Sur le mur, qui regarde l'est, se voit au niveau du sol, l'ouverture du foyer, par laquelle on introduisait le combustible pour chauffer l'étuve.

A côté de ce mur, et séparé seulement par un corridor de quatre mètres, est une enceinte circulaire, servant probablement de salle tiède (*tepidarium*), où les baigneurs laissaient calmer la chaleur suffoquante de l'étuve; faisant suite à cette pièce, est une série de petites chambres carrées, ou cabinets particuliers, ouvrant sur le corridor, qui servaient de vestiaire et de lieu de repos; on aperçoit encore les rigoles qui, du dehors de la ville, conduisaient l'eau à cet établissement.

A l'angle nord-est de ce bâtiment, existe un pan de mur, dont le parement nord fait face à une place carrée de 30 mètres sur chaque côté. Au pied de ce mur sont couchés une grande quantité de fûts de colonnes et quelques chapitaux d'ordre composite : sur la partie ouest de cette place, sont amoncelés des pierres taillées, des colonnes, des chapitaux appartenant au même ordre d'architecture. Cette place, par la richesse de sa décoration, et par sa proximité d'une autre plus grande, dont elle paraît être le sanctuaire, est peut-être le *Forum* où les pères conscrits et les consuls venaient s'entretenir des affaires de l'Etat. L'amas de décombres que nous avons signalé, serait alors la tribune aux harangues, ou le prétoire.

La place publique, contigue au *Forum*, est garnie, sur ses quatre côtés, de pierres colossales, qui ont appartenu à des palais ou à des édifices publics.

Près d'une des grandes sorties de la ville, le cirque montre, enfouis sous les sables, ses gradins circulaires et ses lacunes pour les vomitoires : à côté, se voient : une grande citerne, puis un passage voûté, servant à introduire les bêtes féroces et les gladiateurs. Des loges pour les animaux s'y trouvent adossées.

Non loin du cirque est situé le théâtre, reconnaissable à sa forme ; des matériaux et des fondations au niveau du sol, en désignent seuls l'emplacement.

Au centre de la ville, sont des ruines, qu'on pourrait appeler *titannesques*, à cause de leurs dimensions colossales ; ce sont deux pans de murs, dont nous n'avons pu mesurer la hauteur, et qui n'ont pas moins de deux mètres d'épaisseur. Leur longueur est de quinze mètres. La construction dc ces murailles diffère de celle des autres édifices ; elle est en moellons et en ciment, lcs parois intérieures , revêtues de leur parement recticulaire, sont encore garnies, aux quatre angles, de quatre piliers en briques ; lesquels devaient soutenir une voûte servant de plancher au premier étage. Au-dessus de cette première voûte, il en existait une autre supportant les terrasses. Deux grandes ouvertures cintrées sont pratiquées, comme fenêtres, au premier étage. Le sol du rez-de-chaussée repose sur une voûte, qui recouvre de de grandes caves ou des citernes. Une ouverture placée, dans un des angles, à côté d'un pilier, laisse apercevoir, quoique encombrés, des degrés en pierres, qui y descendent.

Il est difficile d'assigner une destination à cet édifice. Cependant sa coupe grandiose et hardie, laisserait supposer qu'il servait d'église. Dans ce cas, les caves souterraines pourraient bien être une crypte, comme on en rencontre souvent dans les premiers âges du christianisme.

Au nord de ce monument et contigu à lui, sont les restes d'un vaste palais, qui pourrait être le palais épiscopal, ou celui du *Præses*, administrateur de la province. Ces ruines, du côté de l'ouest, offrent une suite de galeries voûtées dont le mur du fond subsiste seul.

La ville s'étend sur une éminence, où sont encore des vestiges d'habitations considérables et d'un temple, que l'œil découvre sous les lentisques, les chênes verts et de faibles arbrisseaux, qui, par la constance de leur végétation, insensible, mais continue, ont dominé ces travaux de l'orgueil humain.

Sur le versant du promontoire, qui descend en amphithéatre vers la baie du Nador, on reconnaît un théâtre, à ses gradins superposés; cet escalier, placé sur le flanc de la colline, l'accompagne, dans sa pente, jusqu'au *scenium* et au *post-scenium*. Il est à remarquer que l'architecte, qui en a tracé le plan, est sorti de l'usage adopté pour les théâtres, lesquels avaient toujours la forme d'un hemicycle; il l'a construit en parallélogramme, ne voulant pas borner le plaisir des spectateurs aux seules émotions de la scène; étant à leurs pieds la vue du port, il leur a ménagé durant les entr'actes, la jouissance des beautés, qu'en ces lieux la nature a semées avec profusion.

C'est que, en effet, le panorama est peu commun. Le golfe que l'on domine — En face le Chenouan, avec ses contreforts, resplendissant d'une végétation robuste ; — à gauche ; la vallée du Nador, avec ses gourbis ombragés, par le feuillage vert des orangers, le corail des grenadiers, et entourés d'une ceinture de lauriers roses ; les sinuosités de la rivière, dont on voit serpenter les eaux sous des guirlandes de frênes, de trembles et de vignes vierges ; puis à côté de ces bosquets, de belles plaines, où mûrissent des moissons abondantes et de riches prairies naturelles, où les troupeaux se jouent en pâturant.

Si le spectateur veut regarder autour de lui ; son œil repose sur des collines basses recouvertes de lentisques, d'oliviers, d'arbousiers toujours verts, déployant au soleil leur luxuriante nature; au midi, le petit atlas, qui ourle coquettement la plaine de la Metidja, le pic volcanique de *Teniah* et le mont Zakar ; à l'est dans un horizon bleu, le *Djurjura* avec sa couronne de neige ; plus rapprochée : la Boudzareah, qui abrite Alger ; la jolie baie de Sidi-Feruch avec sa *Torre chica* ; le *Kobour-Roumia*, tombeau de la fille du comte Julien, véritable pyramide, qui plane sur la mer du haut de ses trois cents mètres, jalon placé presque aux limites des deux provinces, et au nord, la mer, son immensité, ses souvenirs et ses espérances.

Parmi les monuments, il en est un appelé : *Rabbia*, par les indigènes, qui attire particulièrement l'attention. C'est un grand rocher, placé dans la mer, à dix mètres du rivage taillé à main d'homme, ayant la forme cubique d'un carré long. Cette pierre est creusée et contient une assez vaste salle; la destination de ce monument n'est pas douteuse ; c'est un tumulus, dans lequel devaient être renfermés les restes de quelque chef. Il a 4m 80 de hauteur, 3m 60 de largeur et 4m 10 de longueur. Ce tombeau, dont la mer baigne la base, est recouvert de grandes pierres de taille, dont une a été enlevée ; et de même que les tombes qui sont dans la contrée, il a été profané, par la cupidité des habitants, qui l'ont ouvert, pour en retirer les joyaux et les divers objets, qu'on avait la coutume d'ensevelir avec le corps.

La ville se prolongeait jusqu'au fond de la baie, où sont les tombeaux payens et d'autres ruines, ensevelis sous les sables, que le vent du nord enlève de la plage, et que la réflexion du *Chenouan* fait tourbillonner sur ce point. Ce sable, amoncelé par des siècles, recouvre les constructions de plus de trois pieds. En l'explorant, on s'y enfonce jusqu'aux genoux, ce qui en rend le parcours pénible et dangereux. La bise de mer, qui règne presque toujours, l'ondule et le fait mouvoir, comme elle le fait des vagues de la mer.

L'Oued-Nador est le seul cours d'eau, qui alimente la vallée; son parcours n'est pas long; ses rives sont cultivées avec soin; son lit, très encaissé, est ombragé par des arbres séculaires.

En remontant son cours l'espace de six kilomètres, on trouve le barrage, que les romains avaient construit, pour en détourner les eaux et les amener à Tipasa. Nous en avons suivi le canal, dans toute sa longueur. Malgré les années, qui ont passé sur sa destruction, il est aisé d'en reconnaître le tracé, soit au creusement à demi comblé de sa cuvette, soit aux arbres qui le bordent. Les grandes pierres, composant la digue du barrage, faute d'entretien, ont été entraînées par le courant, lors des grandes crues du Nador ; mais à cause de leur dimension, elles ont roulé à peu de distance ; on pourrait, à peu de frais, reconstruire cette écluse.

Sur les derniers mamelons du Sahel, on retrouve les matériaux d'un aqueduc romain, qui portait aussi à *Tipasa*, les eaux d'une source éloignée, que nous n'avons pas explorée.

Dans les vallons qui s'irradient de ces points vers la Métidja, il y a des villa ou maisons de campagne, que la main du temps a respectées ; une entr'autres, élevée d'un étage, percée de trois croisées, est recouverte d'une terrasse ; si ce n'était les plantes parasites, qui ont crû dans le joint des pierres, elle semble prête à recevoir ces hôtes familiers.

---

## POPULATION INDIGÈNE.

Les habitants de cette contrée ne sont plus les descendants aborigènes des *Icompenses* ni des *Nababes*, peuplades inquiètes et inhumaines. Le sang européen circule évidemment dans la génération actuelle; la race s'est abâtardie, par ses croisements divers, avec les nations, qui sont entrées en relation intime de commerce et de co-habitation.

Les caractères de leur physionomie sont bien différents de ceux, qui distinguent les hordes numides, dont la plaine de la Métidja est encore, de nos jours, sillonnée, et dont le type distinctif consiste en une maigreur osseuse et pourtant musculeuse, qui n'exclut pas la santé et qui indique la force; un nez judaïque, des lèvres saillantes, légèrement boursoufflées, le teint jaunâtre, l'absence de mollets; c'est, au contraire, un galbe régulier, selon nos idées d'Europe. Les hommes y sont bien proportionnés, plus petits que dans les autres parties du littoral; ils ont le teint blanc, coloré, le nez bien fait, la bouche moyenne, l'œil vif, et conservent un air de bonne santé, qui ne touche pas à l'embonpoint et qui est bien au-dessus de la maigreur. L'intelligence brille dans leurs gestes et dans leurs regards; on croit revoir en eux les descendants malheureux de quelques familles épargnées par les persécutions, ou échappées au massacre, qui, après la destruction de leur patrie, sont restées dans les alentours pour en cultiver les champs abandonnés et pleurer sur elle.

La fertilité du sol, l'abondance des eaux, source de richesse, dans cette vallée, ainsi qu'une douce température, rafraîchie, par la brise de mer, qui, chaque jour, émousse les chaleurs suffoquantes du soleil d'Afrique, les ont retenues stationnaires. Bien différents des arabes qui méprisent la propriété, et changent de lieux, lorsqu'ils en ont épuisé la fertilité, pour aller chercher ailleurs des pâturages et des terres vigoureuses ; les Tipasiens tiennent à leurs héritages ; l'agriculture et l'élève des troupeaux sont leurs occupations principales. Malgré le voisinage de la mer, ils sont peu marins et ne se livrent pas à la pêche, ils aggrandissent leurs domaines, par le défrichement des steppes de bruyères, de térébinthe, de chênes verts, dont les collines sont couvertes.

Malheureusement, l'abus de l'eau-de-vie de figues et des liqueurs fortes, pour lesquelles, ils ont un goût très prononcé, et un penchant vers l'oisivité, peut-être aussi l'assurance de l'impunité, dans ces lieux écartés des routes battues, les ont rendus inhospitaliers et voleurs. Malheur au voyageur isolé, qui s'aventure dans les défilés du Nador, il est rare qu'il rentre sain et sauf dans ses foyers. Un grand réservoir carré d'architecture romaine, où se rendaient les eaux du Nador, avant de s'engager dans le canal de Tipasa, porte un nom, qui, traduit de l'arabe, veut dire : *Bois et va-t-en*, avis tout charitable donné à l'imprudent pour le prémunir contre les assassins.

---

## CLIMAT.

Le climat de Tipasa est chaud, salubre et très agréable. Sous un atmosphère aussi uniforme, le baromètre varie peu ;

les crépuscules sont abondants en rosées. Il est sage, de ne pas rester en plein air, après le coucher et avant le lever du soleil.

Les grandes chaleurs du jour sont tempérées, par les vents de nord-est, qui régulièrement se lèvent à dix heures du matin et cessent vers cinq heures du soir.

La saison des pluies commence en octobre et finit en mai; elles tombent, par intervalles et sont quelquefois torrentielles. Les vents d'est règnent depuis le mois de mai jusqu'en septembre, ceux d'ouest soufflent le reste de l'année. Le *siroco* ou vent du désert, impétueux et étouffant, qui fait monter le thermomètre à air libre jusqu'à 45°, et fait voltiger une poussière rougeâtre, qui pénètre les poumons et gène la respiration, ne dure que quelques jours, en juillet et en août; encore la chaine du Sahel amortit-elle sa violence; il n'arrive à Tipasa que considérablement adouci.

## ÉCONOMIE

Nous sommes arrivés au moment de développer notre système sur l'économie de la ferme-village que nous voulons établir, et sur les moyens d'exécution, qui peuvent lui assurer : vie et prospérité.

La pensée de fonder une colonie, sur l'emplacement de l'ancienne Tipasa, nous fut suggérée, par la visite que nous venions de faire à cette localité. Nous avions lieu d'être surpris de voir un pays rempli d'avenir, où se retrouvent encore des ruines importantes, dont la richesse des matériaux rivalise avec l'élégance des sculptures, une localité heureuse, une rade et un port à rechercher, un pays réunissant, en un mot, toutes les conditions exigées pour l'assiette d'une ville; abandonnée à l'insouciance de la fatalité et à l'ignorance des peuplades indigènes, quand notre mère-patrie pouvait y porter les germes féconds d'une colonie agricole, fournir de nouveaux alimens à son commerce, multiplier ses débouchés et ouvrir à sa marine un port de plus, pour la conservation de ses vaisseaux.

Une incessante préoccupation nous attirait vers ces questions gouvernementales; nous flottions incertains entre de grands intérêts sociaux et diverses théories d'intérêts industriels, quand apparut la loi du 23 septembre 1848, qui fit cesser nos tergiversations, et donner une solution aux problèmes que nous nous étions posés.

Le gouvernement, dans sa sainte pensée de favoriser et développer la colonisation de l'Algérie, ouvrait, par cette loi, un crédit de 50 millions, pour être spécialement appliqués à l'établissement de colonies agricoles, et fournir aux colons des matériaux, des instruments, semences, bestiaux, frais d'émigration, transports, passages, séjours et matériel de première installation. Des subventions de toute nature étaient encore accordées, pour la mise en valeur des terres, pendant trois années, à partir du jour où chaque colon aurait pris possession de son lot.

Avec de pareils éléments, il était à peu près sûr que les colons arriveraient de toutes parts pour peupler la colonie. Le fait a réalisé les prévisions; mais, si la fondation première des établissements ne s'est pas laissé attendre, il a été plus difficile de la conserver et de la voir prospérer : c'est que ces fondations manquaient de base logique ; c'est que les droits et les devoirs de chacun n'étaient pas assez bien réglés. Ces agglomérations ont manqué d'unité, d'homogénité, de liens communs. Chaque individu, dans le cercle où il vivait, est resté isolé, ne s'est regardé que lui-même : l'égoïsme a été son mobile ; aussi, ces centres ont-ils été bientôt abandonnés ; à peine quelques malheureuses familles errent-elles dans ces solitudes, en cherchant à soutenir une vie de misère et de privations.

Pour assurer une longue existence à toute société, il ne faut pas que le bonheur commun naisse de l'action personnelle, qu'il soit soumis aux caprices, à la mauvaise volonté de l'individu ; il est nécessaire, au contraire, que l'aisance et le bonheur individuel soit la conséquence de l'union en société, et que l'associé soit convaincu, qu'en dehors de l'agglomération, il n'y a plus pour lui, que faiblesse et déception.

C'est de ce principe restaurateur que nous avons fait découler la théorie de notre société, en participation. Nous avons considéré la société comme la source moralisatrice et bienfaitrice de l'associé.

L'état, qui a tant fait et qui ne cesse de déverser sa sollicitude sur l'Algérie, continuera, sans nul doute, à favoriser l'établissement des colons ; nous fondons notre espérance, sur cette hypothèse, que les secours de toute nature, qu'il a déjà accordés, seront encore répandus, sur les centres de population, qui doivent être créés ; et surtout, sur notre Ferme-Village en particulier.

Il est facile de prévoir que toute colonie, qui peut produire, pendant trois années, sans avoir à dépenser, pour ses frais d'établissement et d'alimentation, doit accumuler, pendant cette période de temps, un capital assez important, pour être certaine du succès final.

L'organisation du travail est une de ces questions primordiales, dont nous devons d'abord nous occuper. Nous allons démontrer notre mode de procéder, pour fonder, avec économie et avantage, le bien-être de chacun.

Ce principe appartient à un ordre d'idées, devenu, à notre époque, d'un intérêt incontestable. Nos économistes, nos hommes d'Etat même, ont tellement compris l'opportunité de cet enseignement, qu'ils ont tourné vers lui, depuis quelques années, leurs études les plus sérieuses ; et que le Gouvernement, éclairé sur les besoins de la société, fait de constants efforts, pour amener la voie des améliorations, dans ces créations nécessaires.

L'expérience du passé est déjà un guide, sûr et prudent, pour établir la base d'un véritable système d'économie.

Le temps est le capital des capitaux, axiôme des élus de la science ; il ne faut pas le dépenser sans fruit ; pour le faire produire, il faut l'employer utilement ; il faut que, par une sage prévoyance, tous les instants soient réglés, et convergent vers un point de bonheur commun.

Deux lois fondamentales gouvernent toute société. La loi politique, qui règle les devoirs des individus entr'eux, et la loi religieuse, qui console de ses labeurs, qui fait pressentir à l'homme les besoins d'une existence supérieure, d'un bien-être à venir et le conduit aux grands dévoûments, aux belles actions.

Avec ces deux mobiles, le devoir et le dévoûment, nous devons, par une application bien entendue, créer un établissement durable et productif.

De tous côtés, se forment des associations, qui organisent la société en groupes divers, au moyen desquels plus rien n'est impossible. L'esprit de société se développe et grandit; c'est le vertige de notre siècle.

Par ces groupes, par ces réunions en société, il est possible d'accomplir les choses les plus surprenantes, les plus gigantesques. Chacun apporte sa quote-part à l'édifice général. Cette obole de travail, ce grain de chénevis, déposé dans le tronc commun, devient, par son agglomération, un puissant levier, qui, dans des mains intelligentes, accomplit et opère de véritables miracles.

Il est peu de pays, aussi propre au développement du commerce et de l'agricuture, que l'Algérie.

Favorisée, par la nature, cette partie du globe, que trois journées seulement séparent de tous les points de la Méditerranée occidentale, avec un climat doux et tempéré, une contrée agréablement accidentée et une terre fertile, qui n'attend que des bras, pour récompenser au centuple l'agriculteur laborieux, doit attirer un nombreux concours d'individus.

Ces considérations, qui concernent, en général, toute l'Algérie, reçoivent une application, plus directe, à la Ferme-Village projetée de Tipasa, où, sur une petite échelle, on peut soumettre, à l'expérience, les résultats que nous attendons de notre système, sans aventurer des capitaux, qui devraient être considérables, s'il fallait les avancer pour l'exploitation d'un grand territoire et la création de beaucoup de centres de population.

Notre système d'association repose sur des bases si simples, qu'on peut aisément l'apprécier, sur sa seule énonciation.

Nous voulons appliquer à notre colonie les éléments naturels de la société, selon le droit civil, dont la définition légale la dénomme : *Un contrat par lequel plusieurs personnes conviennent de mettre quelque chose en commun, dans la vue de partager le bénéfice, qui pourra en résulter.* (Art. 1832, Code Napoléon).

Les choses mises en commun, seront : 1o celles concédées par l'Etat ; 2o le travail nécessaire à la culture des terres, à l'éducation des bestiaux et aux diverses industries, qui surgiront de l'exploitation générale.

Chaque associé recevra, lors du partage des bénéfices, la portion, lui afférant, de tout ce que la chose commune aura produit.

Cette société sera régie, selon le mode de procéder des navires de commerce dits : *à la part ;* associations commerciales, qui remontent aux Phéniciens et aux Grecs, dans lesquelles, navire, officiers, matelots, ne reçoivent point de salaires fixes, mais partagent entr'eux, à la fin de chaque voyage, les bénéfices effectués, dans la proportion, qui a été dévolue, à chacun d'eux, en particulier.

La commune représentera le navire ; la portion, qui lui reviendra sera mise de côté, comme fonds de réserve, et servira à l'entretien des routes, à la construction ou réparation des bâtiments de la ferme ; à l'acquisition de biens communaux, sur lesquels les associés conserveront seulement un droit d'usage, mais qui ne pourront jamais être considérés, comme propriété privée.

Nous portons, à un vingtième, ce capital communal, avec faculté d'en changer le chiffre, selon les besoins.

La somme restante sera partagée, entre tous les habitants dans les proportions suivantes ; savoir :

L'administrateur en chef recevra cinq parts ;

Le chef de culture, trois parts ;

Les sous-chefs, les colons exerçant une profession libérale, recevraient deux parts ;

Les autres colons auraient chacun une part ; les femmes et les enfants au-dessus de douze ans jusqu'à 18 ans, travaillant, pour la colonie, recevraient, les premières, demi part, et les seconds un quart de part.

Notre plan d'organisation tend, à ce que chaque associé soit en position de servir la société, sans porter ses services au delà de ses forces ; aussi, avons-nons fixé les heures de travail ; c'est de la capitalisation de ces heures, qu'il résultera, à la fin de l'année, le droit de chacun aux bénéfices à partager.

La pénalité sera presque nulle, car les penchants vicieux tels que : l'ivrognerie, l'oisiveté, porteront avec eux leur punition : celle de ne point avoir de part aux bénéfices, ou de la voir restreindre, d'après le dommage que ces vices auront fait éprouver à la communauté.

La durée de cette société sera de douze années ; néanmoins, chaque associé pourra se retirer à la fin des six premières années, en mettant un colon à son lieu et place.

Nous portons à 160 le nombre de colons nécessaires à faire valoir la nouvelle colonie de Tipasa. Ces 160 associés, accompagnés de leurs familles, porteront la population à huit cents individus environ, de tout âge et de tout sexe.

Cette colonie, étant essentiellement agricole, les cultivateurs seront admis de préférence ; cependant il sera nécessaire d'y introduire, quelques ouvriers exerçant un état manuel, dont les travaux se rattachent aux premiers besoins de la vie et à l'exploitation des terres.

Tous les membres de l'association, sans distinction d'âge ni de sexe, doivent concourir à l'exploitation agricole et commerciale du fonds, par leur travail et leurs talents.

Dix heures de travail formeront la journée. L'année se compose de trois cents journées ; ce qui donne trois mille heures de travail que chaque colon doit à la communauté. Tout ce qui excèdera ou diminuera ce chiffre, augmentera ou réduira la part du colon.

Dans un grand livre, tenu par un associé spécialement chargé des écritures, sera ouvert un compte à chaque colon, sur le crédit duquel, sera porté le chiffre total des journées de la semaine, selon les notes inscrites, par un *Décurion* ou chef d'escouade, sur un livret personnel. Au débit figureront les dépenses et les avances, faites, par et pour le titulaire du compte.

En prévision des besoins individuels et en dehors des distributions en nature, qui seront faites, pour l'alimentation et les vêtemens, un magasin général, fourni de tout ce qui est nécessaire à la vie, comme vin, comestibles, denrées coloniales, eau de vie, tabac, etc., etc., tenu par le comptable associé, sera à la disposition des habitans. Les prix de ces denrées seront invariables et fixés, par le conseil d'administration ; le prix de revient sera augmenté d'un bénéfice de dix pour cent ; le bénéfice profitera à la société et servira à couvrir l'intérêt des sommes avancées et les avaries, ou pertes de la marchandise.

A cet effet , pour satisfaire les besoins particuliers ou ceux de famille, qui varient à l'infini, il sera tenu compte à chaque colon, homme ou femme, d'une valeur de 25 cent. par jour, qu'il dépensera selon son gré.

Chaque année le teneur de livres portera à nouveau le solde de chaque compte ; ce reliquat , dès ce moment, produira un intérêt de cinq pour cent par an.

Le capital , provenant de ces soldes , sera incessible et insaisissable, pendant six ans, afin que le travailleur ne puisse être tracassé, pour des dettes antérieures à son association.

Un des grands avantages de notre système est de lier, l'intérêt particulier, à l'intérêt commun. Chaque sociétaire comprendra que, en travaillant la chose commune, il travaille la sienne propre , et si , comme nous le disions , la paresse ou d'autres vices , le mauvais vouloir même , venaient se mêler à la bonne harmonie de la colonie , la privation du prix des journées sera, pour le vicieux une amende réelle et satisfaira le travailleur de bonne volonté , qui craint toujours d'être dupe.

A la fin de la période des six premières années, le colon aura la faculté de céder la place à un autre. Dans ce cas, la commune remettra, au sortant, le solde de son compte, porté sur le grand livre, et le colon remplaçant lui remboursera la valeur du lot de terrain lui revenant, sur l'estimation donnée par le conseil d'administration.

En cas de décès d'un associé, la veuve et les enfans resteront partie de la société ; le décompte du défunt sera arrêté au jour du décès, pour être remis à ses héritiers, après les six premières années révolues.

Les associés, divisés en brigades de dix familles, auront un chef, pour surveiller les travaux, transmettre les ordres supérieurs, recevoir les denrées en nature, et les distribuer.

Il pourra être créé des demi-brigades, selon les besoins de la surveillance et des détails.

Les alimens cuits seront préparés, dans un office *ad-hoc*, et distribués par le comptable. Chaque brigade se réunira, par chambrée de famille ou d'affection ; chaque chambrée prendra son repas en commun.

Tous les colons sont à la disposition de l'administrateur en chef, puis du chef agronome, qui donnent les ordres aux sous-chefs, et font transporter les travailleurs, sur les points à cultiver.

Les malades et les infirmes seront traités et soignés par le médecin (major). Chaque habitant sera tenu, par tour de rôle, de seconder le major dans cette tâche.

Si quelque colon vicieux, ou d'un caractère violent, emporté, se rendait insupportable à ses camarades ; après quelques avis paternels, donnés par le chef de la colonie, pour le faire changer de conduite, il sera expulsé de la société, et, selon la gravité du cas, son avoir confisqué au profit de tous.

Le colon expulsé de cette manière ne pourrait plus faire partie de la société.

Les enfans en bas âge seront élevés, par un instituteur et une institutrice primaires, associés ; ensuite ils seront mis en apprentissage.

Il leur sera donné des leçons de musique, qui, dans les

grandes solennités, recevront une application publique; nous tâcherons de leur faire apprécier, l'amour de la famille, les douceurs de la civilisation, les nécessités de l'instruction, les fruits, qu'on tire du travail, et l'espérance, qu'inspire la religion, comme source du vrai, du bien, de l'honnête.

Avant la répartition des bénéfices entre tous les associés, il sera prélevé, comme frais généraux : 1o les impôts à payer à l'état; 2o le montant des achats tirés du dehors, pour approvisionnement, entretien des constructions, des instruments, etc., etc.; 3o Enfin, toutes les dépenses faites dans l'intérêt général de la société.

Nous avons scrupuleusement étudié le sol du territoire de Tipasa, et nous avons compris les divers genres de culture qu'il comportait, pour arriver à une exploitation facile et économique.

Les premiers travaux porteront sur les objets, qui s'y trouvent naturellement : l'éducation des bestiaux, pour tirer parti des prairies naturelles, qui bordent la rivière du Nadar; la culture des céréales, qui réussissent si bien dans ces contrées; l'exploitation des forêts, pour les bois de construction; des bois taillis, pour le chauffage des fours et pour les charbonnières; le commerce des pierres et matériaux, dont il faut déblayer le sol; la chasse au gibier, pour en débarrasser la localité et assurer les récoltes; la mise en œuvre des salines existantes, et la pêche, lorsque les barques de la Compagnie ne seront pas employées aux transports.

Nous avons dressé les plans de notre ferme-village, qui contient les logements, les ateliers, les magasins, les étables et les autres locaux nécessaires à l'entreprise et aux besoins de 160 familles. Et la localité est telle, qu'au lieu d'un village nous pourrions y fonder une grande ville, si, avec l'accroissement de la population, nous sentions la convenance de multiplier les diverses industries.

Le personnel se composera :

1o D'un administrateur en chef, seul gérant de la société, correspondant avec le gouvernement, responsable des obligations sociales;

2o d'un chef de culture, pouvant au besoin suppléer l'administrateur en chef;

3o Un sous-chef aux prairies;

4o Id. aux forêts;

5o Id. aux cultures diverses;

6o Id. aux troupeaux;

7o Id. à la navigation;

8o Id. au commerce et à l'industrie;

9o Un aumônier;

10o Un médecin;

11o Un ingénieur-architecte;

12o Un instituteur;

13o Une institutrice;

14o Un garde-magasin-comptable;

15o Un maréchal-vétérinaire;

16o Un maître de musique;

17o Un interprête.

Ces dix-sept personnes formeront en quelque sorte l'état-major de la place, et feront partie du conseil d'administration, dans le sein duquel dix colons, choisis parmi les plus aptes, seront appelés.

Parmi les professions, ayant atelier, admises à faire partie de la société, on y comprendra :

1o Un cok ou chef d'office ;

2o Un barbier ;

3o Un boulanger ;

4o Un charpentier ;

5o Un charron ;

6o Un cordonnier ;

7o Un forgeron-serrurier-taillandier ;

8o Un menuisier ;

9o Un tailleur d'habits ;

10o Deux maçons ;

11o Deux tailleurs de pierres ;

12o Huit marins.

Les autres membres de la ferme-village seront affectés aux travaux de l'agriculture et à la conduite des troupeaux.

Les préceptes de notre création tendent à éviter l'inconvénient de la plupart des agglomérations d'individus, dans lesquelles un seul profite du travail de tous, moyennant une rémunération modique. L'intelligence créatrice, qui doit régner en souveraine (nous le reconnaissons), s'empare souvent, avec trop d'égoïsme, des fruits de sa découverte, et jouit, dans le repos, de l'abus qu'elle fait des sueurs du prolétaire. Dans notre colonie, personne ne restera oisif : tous seront sur la brèche, redoublant de zèle ; les chefs comme les ouvriers agiront de leurs personnes, chacun, dans ses attributions ; le grand-livre sera là, pour indiquer les heures de travail ; ainsi tous les instants s'emploieront au bonheur commun, pour justifier la vérité de notre épigraphe : *Tous pour tous.*

Avec les bases que nous avons établies, nous espérons, sinon éteindre, du moins tempérer les passions mauvaises, en affranchissant les travailleurs, d'abord, des querelles, qui naissent du voisinage des propriétés privées ; ensuite, des premiers besoins de la vie, dont ils n'auront point à s'occuper. Nous devons induire, de là, que les penchans vicieux, qui proviennent de la souffrance et des privations, seront étouffés, avant de paraître.

Le repos du dimanche sera consacré, d'abord aux pratiques de la religion, ensuite à des jeux et à des amusements.

Un chauffoir commun, réunira les hommes, pendant les longues soirées d'hiver ; et là, sous la forme de conversation, on s'efforcera à leur faire des cours utiles, et à leur inculquer des connaissances sur les travaux et les pratiques du commerce de la colonie.

Afin d'éviter les collisions et les délits, qui pourraient survenir, l'administrateur en chef, de concert avec le gouvernement, établira un réglement de police intérieure, pour que les droits de chacun soient garantis, et donner au chef de la société, l'autorité et la force nécessaires, pour réprimer les abus et faire exécuter les lois de la métropole.

En instituant la propriété publique, qui assure les garanties d'exécution de l'aisance générale, nous avons senti la nécessité de fonder la propriété privée, comme fin principale de l'homme, comme encouragement à l'avenir de famille.

Ces considérations nous ont fait diviser le fonds rural, en deux classes.

Nous portons à six mille hectares les terrains à obtenir en concession, et, à huit kilomètres de côtes maritimes, ce que nous voulons appliquer à l'établissement du port, des callanques d'abri, des salines et des madragues, pour la pêche.

## TOPOGRAPHIE RURALE.

La topographie rurale se compose :

1o De toute la vallée du Nador, située entre le Chenouan et le Sahel, en remontant au sud, vers la plaine de la Mitidja, le parcours de huit kilomètres ;

2o De tous les terrains, collines et plaines, compris, dans l'intervalle formé par une ligne, qui, de ce dernier point, tournerait vers l'est, à angle droit de 90o, l'espace de huit autres kilomètres, et de là reviendrait, en décrivant le même angle, directement vers le nord, et aboutirait à la mer ;

3o Du littoral de côtes, qui s'étend du Chenouan à la jonction de la ligne *Est* avec la mer, en y comprenant la baie du Nador et un parcours de navigation de huit kilomètres, en allant vers l'est du côté de *K'bour-Roumia.*

La vallée du Nador comporte une étendue de deux mille hectares de terrains arrosables, sur lesquels seraient établies, les prairies pour les pâturages, et divers genres de cultures, qui demandent de l'eau.

La plaine, légèrement montueuse, qui longe la mer et s'étend vers le Sahel, comprend une surface d'encore deux mille hectares de terres arables.

Les mamelons du Sahel, dans cette circonscription, ont

une superficie de deux mille autres hectares, complantés en bois de haute futaie et en bois taillis.

Cette dernière portion demeurera affectée au domaine public et aux besoins généraux de la commune.

Les quatre mille hectares de terres arables et de prairies formeront la fortune privée et seront divisés par lots, entre les colons, dans les proportions suivantes :

| | EN PRAIRIES | TERRES ARABLES |
|---|---|---|
| A l'administrateur en chef, cent hectares, dont . . . . . . . . . . . | 50 | 50 |
| Au chef de culture, soixante hectares, dont . . . . . . . . . . . | 30 | 30 |
| Les dix-sept associés, désignés comme formant l'état-major de la ferme, recevront chacun vingt hectares, dont dix en prairies et dix en terres arables, ce qui donne. . | 170 | 170 |
| Les cent quarante-trois associés, chefs de famille, auront chacun dix hectares de terrains, dont cinq en prairies et cinq en terres labourables, ce qui donne un chiffre de | 715 | 715 |
| | 965 | 965 |

Cette division de terres donne l'emploi immédiat de dix-neuf cent trente hectares.

Les deux mille soixante-et-dix hectares qui forment la différence, savoir : mille trente-cinq en terres arables et mille trente-cinq en prairies, resteront provisoirement à l'avoir général, pour être remises, plus tard, aux colons, qui viendraient s'adjoindre à la société, et augmenter la population de Tipasa, ou affectées aux familles associées, qui se dédoubleront. Ces terres seront momentanément exploitées, pour le profit commun.

La portion des terrains, que le manque de bras ne permettrait pas de cultiver, sera remise à des arabes, à moitié fruit ; baux à mégerie, en usage chez les indigènes, en Algérie.

Simples, dans leur position physique, par rapport à la direction des chaînes de montagnes, qui les bordent : ces terrains sont ouverts aux grands courants atmosphériques, qui suivent la vallée du Nador et aux vents, qu'ils reçoivent de la mer.

La vallée du Nador court du nord au sud ; elle est parfaitement abritée, contre la violence des vents d'ouest, d'est et leurs dérivants ; le vent du sud est affaibli, par le mont *Zakar* et la chaîne de montagnes des *Beni-M'nasser* ; celui du nord la parcourt dans toute son étendue.

Les terres, situées vers la mer, ne sont pas exposées aux vents du sud ; mais sont balayées par les courants, qui arrivent du nord, de l'est et de l'ouest.

L'absence des marais et d'eaux stagnantes, rend cette localité très salubre.

C'est la vallée du Nador, qui est désignée, pour recevoir les prairies, dont l'importance ne doit pas être moindre de deux mille hectares, divisées, savoir :

500 hectares en foins de luxe ;

500 id. en fourrages naturels existants ;

1000 id. en prairies permanentes.

Une hectare de foin de luxe, donne en deux coupes,

quatre mille kilogrammes au moins ; ce qui offre, pour résultat des cinq cents hectares, vingt mille quintaux métriques, au prix de 5 fr. le quintal métrique. . F. 100000

Les fourrages naturels ne sont susceptibles que d'une seule coupe et produisent deux mille kilogrammes, par hectare, ou soit 10000 quintaux métriques pour les 500 hectares à 2 fr. 50 c. le quintal, résultat . . . . . . . . . . . . 25000

Les prairies permanentes rendent, comme celles du foin de luxe ; par conséquent 1000 hectares fournissent 40000 quintaux métriques au prix de 5 fr. . . . . . . . . . . . . . . . . . . 200000

Total. . . . . . F. 325000

Les ventes feraient rentrer cette somme dans la caisse de la société.

Il n'est pas hors de propos de remarquer, pour ne pas être taxé d'exagération, que les prix et les quantités sont, de beaucoup, inférieures à la réalité. Nous n'admettons que 40 quintaux métriques, pour le rendement d'une hectare : quand la statistique des Bouches-du-Rhône l'évalue de 50 à 60 quintaux métriques. M. de Gasparin, dans ses comptes-rendus, la porte, d'après les résultats obtenus sur les bords du Rhône, de 120 à 140 quintaux métriques, et M. de Montricher, à Ste-Marthe, Lèz-Marseille, a retiré 166 quintaux métriques, par hectare.

Il reste, en dehors des foins livrés au commerce, le regain, qui sera consommé, par le bétail.

Une coupe de regain, fauché sur une hectare de prairie, ou consommé sur place, représente 20 quintaux métriques et fournit à l'alimentation d'une tête de gros bétail, ou de dix têtes de menu bétail. Si nous réduisons, par prudence, le regain des quatre cinquièmes, il reste 8,000 quintaux métriques, qui suffiront à 400 têtes de gros bétail, ou à 4,000 têtes de menu bétail.

Le gros bétail, dans les commencements, ne sera acquis par la commune, qu'au fûr et à mesure des besoins de la culture; c'est, sur les bêtes à laines, que nous allons consacrer quelques observations.

L'amélioration de la race ovine est assez facile, lorsque la prétention des éducateurs ne s'élève pas à en faire, de suite, des troupeaux de choix et qu'ils se bornent, dès le principe, à obtenir une légère augmentation, dans la qualité de la toison et dans le poids de l'animal.

## TROUPEAUX DE BREBIS.

Lors de la création d'un troupeau, si l'on surveille les accouplements, et si l'on choisit, à cet effet, parmi les races indigènes à l'Algérie, des béliers et des brebis portières, qui aient une laine plus fine et plus longue, les produits obtenus participeront des qualités, dont sont doués leurs auteurs, et de plus belles toisons seront la conséquence de cette combinaison.

Il est rationnel de croire, que ce résultat une fois obtenu, chaque individu, du croît du troupeau, aura acquis une valeur de 50 centimes de plus. Si, en même temps, on dirige les accouplements de façon à obtenir des produits, qui, par leur conformation, soient susceptibles de prendre chair, une autre augmentation de 50 centimes peut être supposée.

Ainsi, sans frais, mais avec des soins, il est probable que les 4,000 brebis, formant le croît du troupeau, au lieu d'une valeur de cinq francs par tête, seront vendues six francs et donneront un revenu de 24,000 fr. dès la première année.

## LAITAGE, ENGRAIS.

Nous ne devons pas passer, sous silence, le produit du laitage et des engrais, que les indigènes négligent en grande partie : du moins quant aux derniers. Le lait transformé en fromages, et l'usage de parquer les troupeaux, sur les terres, qui doivent être mises en culture, forment encore un article très important.

## MÉTIS.

Si nous voulons, avec le temps, améliorer davantage et avec économie, il est facile, en conservant les races pures du pays, de former un troupeau de métis, et un de haute race, qui n'exigent, ni plus de soins, ni plus de frais.

## HARAS DE FERME.

Les foins dits de luxe, ainsi désignés, parcequ'ils doivent être consommés par la race chevaline, ont été notés, par nous, comme faisant partie du commerce de la commune et devant être vendus. Il serait possible d'en tirer un meilleur parti, si le gouvernement voulait confier aux soins de la société, la création d'un haras, pour y entretenir quelques étalons, destinés à la formation d'un haras de ferme.

L'Afrique manque totalement de chevaux de trait et surtout de labour. Il serait de la plus grande opportunité de créer un établissement, dans lequel, la race si souple, si sobre, si élégante, si nerveuse des chevaux arabes, pût être combinée, avec les qualités précieuses de forces et de taille, qui distinguent les chevaux de France et d'Allemagne, afin de conquérir, par le croisement, des individus, qui assurassent à la colonie, une *pépinière* de chevaux, propres aux travaux de la culture et de transports.

Cette question est d'un intérêt majeur, pour les revenus de notre commune, et elle mérite de fixer, d'une manière toute spéciale, l'attention du gouvernement.

## SOL FORESTIER.

L'étendue du sol forestier est de 2,000 hectares; toute cette étendue ne sera pas susceptible d'exploitation; il est nécessaire, à toute commune, de conserver des bois, ne serait-ce que, pour la conservation et l'amélioration des essences, qui les composent et le pacage des bestiaux. Les forêts, dans un pays, où il ne pleut presque jamais, pendant l'été, où les chaleurs sont suffoquantes, surtout quand le siroco (vent du désert) souffle avec violence, entretiennent la fraîcheur, parfument l'air, par le dégagement continu de leur azote et l'absorption des gaz carboniques, et sont d'une utilité incontestée en exerçant une grande influence sur la température.

En pratiquant, dans ces bois, des éclaircies, en les traversant de routes et de sentiers, on facilitera l'exploitation des bois de charpente, de construction et de charronnerie. On peut y introduire des charbonnières, qui offrent tant de ressources, pour le commerce du combustible, en employant le bois moyen, tandis que les broussailles et les menues branches sont vendues, pour le service des fours.

D'ailleurs, ces deux mille hectares, restant propriété communale, l'administration forestière pourrait toujours y exercer sa surveillance.

## SYSTÈME DE CULTURE.

Les 2000 hectares de terrains, désignées, comme terres arables, seront affectées aux diverses cultures.

Trois catégories sont ouvertes, par nous.

La première comprend, ce qui est nécessaire à la nourriture de l'homme.

La seconde se rapporte à la substantation des animaux de toute espèce,

Dans la troisième, nous inscrivons les récoltes de toute nature, qui seront l'objet du commerce de la colonie.

Pour l'exploitation de ces deux mille hectares, la société dispose d'environ 300 travailleurs.

Un tiers travaillera : à bras, les bois, les prairies, les jardins, etc., les terres enfin, qui seront affectées à la petite culture et à l'horticulture.

Et deux tiers travailleront, avec des instruments attelés et des machines : les terres labourables, les vergers, etc., tout le terrain destiné à recevoir la grande culture.

Nous ne nous arrêterons pas à donner la nomenclature des produits utiles à l'homme; chacun connaît, ceux nécessaires à son alimentation, et nous ne parlerons pas de celle des animaux de basse-cour.

Parmi les animaux dont s'occupera la société, nous en citerons trois espèces, qui sont d'une réussite certaine en Algérie, ce sont : le ver à soie, l'abeille et la cochenille ; trois éducations faciles et d'un produit assuré, pour lesquels nous emploierons, les bras, trop faibles, pour les travaux de la terre, tels que ceux des femmes et des enfants, qui deviendront, par là, des associés utiles.

## VER A SOIE (Bombix mori)

Le Ver à soie, en Algérie, donne son cocon en un mois, au plus, il doit être nourri, avec des feuilles de mûriers sauvageons, de préférence à celles de tous les mûriers cultivés et élevés en arbres.

On peut se procurer cette feuille, et en avoir suffisamment, pour une éducation moyenne, dès la première année. Suivant la localité, on doit la semer en prairie ou en haie.

Nous estimons plus avantageux les semis en haies : D'abord, parce que la feuille en est facile à cueillir ; ensuite, parceque ces haies diviseront nos terres labourables, en pièces ou compartimens, sur lesquels, nous établirons la la rotation régulière des soles ; et que, dans un pays ennemi, elles formeront un espèce de labyrinthe, qui opposera un obstacle aux surprises et aux invasions de la cavalerie indigène ; elles seraient même un empêchement majeur à des fantassins, qui poursuivis ne connaîtraient pas les passages et les ouvertures de communication.

Il n'est pas nécessaire d'établir, en Algérie, de magnaneries coûteuses. Dans un atmosphère aussi égale, où l'on ne craint ni les grands orages, ni les froids, qui fond périr les feuilles et l'insecte : — des hangards suffisent à cette opération. Une fois l'éducation terminée, ces hangards recevraient une autre destination et pourraient parfaitement être utilisés, en y enfermant les meules de foin et autres denrées.

Il est seulement une précaution à prendre, dans ces hangards ouverts de tous côtés ; c'est de les entourer de filets, afin de préserver le ver, de la rapacité des oiseaux, qui sont friands de ce mèts.

## ABEILLE (*Apis melifera*).

L'éducation des abeilles est facile et leur produit incontestable. Les apiers sont d'un établissement un peu plus coûteux, que celui des vers à soie ; car il faut se munir de rûches et construire des hangards ou de simples toitures, pour les abriter des grandes pluies.

## COCHENILLE (*Coccus cacti*).

Les frais d'établissement d'une nopalerie, et les constructions, qui doivent y être annexées, ne sont pas d'une grande importance.

Dans les gorges du Sahel, sur un sol convenablement abrité des vents salés de la mer, à Tipasa, où les nopals viennent naturellement et atteignent des hauteurs gigantesques, on pourrait se livrer, avec fruit, à l'éducation de la cochenille, qui, d'après les essais déjà faits en Algérie, par le docteur Loze, au jardin du Dey, et M. de Nivois, dans sa propriété ; donnerait d'abondantes récoltes en peu d'années.

Ce produit est de la plus haute importance. Cet insecte, dont l'acclimatation est certaine, se nourrissant volontiers d'une plante extrêmement commune sur la localité, on verrait bientôt une nouvelle branche d'industrie, se répandre, dans l'Algérie, et fournir, à la France, les quantités suffisantes de cet insecte tinctorial, qu'elle tire, à grands frais, du Mexique et d'autres contrées.

Pour donner une idée de l'accroissement rapide de cette

récolte, nous ferons connaître la progression de son développement à Sainte-Croix de Ténériffe, lors de son introduction dans cette île.

| | | | | |
|---|---|---|---|---|
| 1831 | La graine importée fut de | 8 | livres espagnoles | |
| 1832 | La récolte fut de | 120 | 1/2 | « |
| 1833 | id. | 1319 | 1/2 | « |
| 1834 | id. | 1882 | 1/2 | « |
| 1835 | id. | 5658 | 1/2 | « |
| 1836 | id. | 6008 | 1/2 | « |

Dans l'espace de six années, le pays s'était créé un revenu de plus de 50,000 francs, à la valeur de 9 francs la livre.

## *Troisième Catégorie.*

La troisième catégorie comprend les récoltes de toute nature, qui doivent être livrées au commerce.

Deux divisions principales nous sont ouvertes, d'abord celle des produits des arbres, ensuite celle des produits des plantes annuelles.

Dans la première division, l'huile, les vins de liqueurs, les raisins secs, dont la France est tributaire de ses voisins, les amandes, les pistaches surtout, les figues sèches, les noix, etc., etc., figurent en première ligne; la seconde division comprend le blé, le coton, le tabac, les graines oléagineuses et une foule d'autres plantes, qui se trouvent à l'état sauvage, telles que les asphodèles, etc.,

## OLIVIERS.

L'olivier sauvage croît partout en Algérie, et s'il n'était, brouté par les troupeaux, il formerait de véritables forêts.

Il n'y a donc qu'à les défendre, à les éclaircir, et ils seront bientôt en état de recevoir la greffe, Il leur suffit de quatre à cinq ans, pour défrayer le propriétaire, si on a soin, surtout, de multiplier les espèces, qui possèdent la double qualité de la hâtivité et de la quantité.

## VINS.

Tous les vins, que nous achetons fort cher et que produisent l'Espagne, l'Italie, la Grèce, etc., etc., peuvent être récoltés, dans certaines localités de l'Algérie; il en est de même, pour les raisins secs, tels que la panse de Malaga, les raisins de Corinthe, de Zante, etc., etc., et comme partout, où l'on cultive la vigne, on peut mettre des figuiers; les vergers, de cet arbre, porteront bientôt d'abondantes récoltes.

## FIGUIERS.

Cet arbre, de la famille des urticées, originaire des contrées chaudes, qui bordent la Méditerranée, prend, en Algérie, des dimensions extraordinaires; nous en avons vu, dont la grosseur ne le cédait en rien, à celle des chênes et des caroubiers, leurs voisins.

Le figuier et le caprifiguier croissent naturellement sur le sol de Tipasa; les bois et les bords des ruisseaux, en sont abondamment pourvus, probablement semés, par les oiseaux, très friands de leurs graines.

Toutes les espèces réussissent fort bien; il ne s'agit que de faire un choix, parmi les qualités estimées de la Provence, de l'Italie, de la Grèce, et multiplier celles, qui donnent d'excellents fruits, pour les livrer secs, au commerce.

## AMANDIERS.

Le climat de Tipasa est très favorable à l'amandier, qui sera rarement atteint par les froids. Cet arbre peut occuper des terrains maigres et arides, et, à cause de ses dispositions, il peut être admis, avec avantage, dans les sols forestiers. Le péricarpe de l'amande, celle de la princesse surtout, fraîche ou desséchée, fournit une bonne nourriture et peut même remplacer l'avoine, pour les bêtes de labour; l'enveloppe des autres espèces, desséchée, la feuille de l'arbre, comme celle de l'olivier, peuvent être d'une grande ressource, pour l'alimentation du même bétail.

## PISTACHIERS.

Le térébinthe est commun en Algérie, surtout à Tipasa; il sera facile d'obtenir, au moyen de la greffe et en très peu de temps, des récoltes de pistaches, dont le prix est fort élevé, et qui ne manquent presque jamais.

Cet arbre, qu'on néglige de multiplier, ne craint aucune des fortes gelées, qui font périr l'amandier, l'olivier et le noyer; il mérite, par son importance, de trouver une place distinguée dans nos cultures.

## NOYERS.

Les noyers existaient autrefois, en telle quantité autour de Tipasa, que, dans les temps reculés, on l'avait surnommée : *la ville des Noyers*. C'est en dire assez pour faire présumer de bonnes récoltes, et la possession d'un bois excellent, propre au commerce.

## BLÉS.

Lorsque les terrains ont reçu une préparation convenable, le blé donne, en Afrique, des récoltes doubles de celle de France.

## COTON.

Les cotons, courtes et longues-soies, également bien traités, ont donné, sur simples défoncements à la charrue, attelée de deux chevaux, quatre-vingt capsules par pied ; ce qui équivaut presque à un hectogramme.

## TABAC.

Quant au tabac, sa culture est assez répandue, pour qu'il soit inutile d'entrer dans des détails.

## ASPHODÈLES.

Parmi les plantes parasites dont il faut débarrasser le sol de Tipasa, et qui le recouvrent sur de très grands espaces, se trouve l'asphodèle, ou bâton royal, dont l'industrie peut s'emparer, à cause de la fécule alimentaire qu'on retire de ses bulbes charnues, et de l'excellente eau-de-vie que la distillation en extrait.

Cette récolte, qui serait abondante, pendant les premières années, assurerait d'abord, des produits immédiats ; l'étude et l'expérience démontreraient ensuite, s'il faudrait la conserver, pour en soigner la culture et l'exploitation.

## BASSE-COUR.

Dans un établissement rural, aussi important que celui dont nous nous occupons, où les petits détails se coordonnent et sont liés entr'eux, de manière que les uns sont la conséquence des autres; où l'économie du temps, du travail, des consommations, doivent présider à tout; les soins à donner à une basse-cour ne sont point à négliger. Nous ne considèrerons pourtant pas cette création comme un simple accessoire à toute exploitation rurale; nous la traiterons, comme branche d'industrie, qui peut être gouvernée séparément. Elle sera la réunion de tous les petits animaux domestiques, qui peuvent donner des bénéfices ou un produit vendable; elle servira, non seulement à la reproduction des races; mais encore à l'acclimatation des espèces, étrangères à nos climats.

Tous les individus de cette intéressante population, seront de choix. Pour démontrer, par un exemple sensible, notre pensée, à cet égard, nous dirons que, comme toute basse-cour doit être gardée intérieurement, jour et nuit, soit contre les rapines de l'homme, soit contre les animaux malfaisants, les chiens, à qui sera confiée cette garde, seront eux-mêmes choisis, parmi les races pures, d'une utilité reconnue, et dont le croît, comme chiens de garde, chiens de berger, chiens de luxe, a toujours une valeur importante. L'entretien de ces espèces n'est pas plus coûteux, que celui des chiens dégénérés.

Au nombre des paisibles habitants de cette petite cité, nous n'oublierons pas d'admettre la famille des lapins, qui sont en si grande abondance à Tipasa et dont la fécondité remarquable assure de bons rendements.

---

Nous pouvons maintenant, apprécier avec plus de maturité les principaux fondemens de notre société, et juger plus sainement de ses besoins et des moyens de les satisfaire.

Une prévoyance ordinaire peut suffire aux sociétés anciennes, quand, depuis longtemps elles sont assises et consolidées; mais, quand la filiation des événemens et l'enchainement logique de leurs effets et de leurs causes n'ont point été encore appréciés, par l'expérience et la pratique; il peut survenir d'immenses embarras, qui naissent de la mobilité même des faits.

Il faut aussi, par prudence, faire la part de ces alternatives d'espérances exagérées et de découragement, qui affectent les sociétés naissantes, dont l'empire est quelquefois si fort que, sans une volonté d'action énergique, reposant sur une bonne constitution, elles seraient dissoutes, anéanties, à l'origine même de leur fondation.

Un établissement, fortement constitué, souffre moins des ébranlemens, que causent les tergiversations, les incertitudes.

Quand les efforts individuels, de tous les associés, seront réunis et mûs, uniformément, vers un but utile et certain;

le fonctionnement sera facile et nous arriverons à l'accomplissement de cette laborieuse tâche.

La fondation de notre ferme-village exige quelques avances de fonds que l'administration supérieure ne refusera pas, si nous nous fions aux précédens, établis par elle, en Algérie; quand il s'est agi d'établissements faits, par des hommes sérieux, pour des applications utiles.

L'achat des instrumens aratoires se présente, en première ligne, dans les besoins d'une ferme.

Nous supposons que les deux mille hectares de terres cultivées seront divisés :

666 en vergers (oliviers, amandiers, etc.,),
666 en vignobles,
668 en terres arables.

Pour les vergers, il suffit d'un araire par dix hectares, ainsi, il faudra 66 araires, conduits par 66 hommes et par 132 animaux ; chaque araire est d'une valeur de 25 francs, ce qui pour la totalité. . . . . . . . . . . . . F. 1,650

La culture de la vigne ne demande qu'un araire par 20 hectares, par conséquent, 33 araires, 33 hommes et 66 animaux . . . . . . . . . . . . 825

Les terres arables, à cause de l'alternance, seront divisées en deux portions égales. Il n'y aura jamais qu'une seule portion à semer, l'autre l'étant: ainsi, 334 hectares de terres arables, demandent, à 10 hectares, pour un araire : 33 araires, 33 hommes, 66 chevaux . . . . . . . . . . . . . 825

*A reporter*. . . . 3,300

*Report.* . . . 3,300

Il faut ajouter, à ces aires, dix grandes charrues à la Dombasle, pour donner la première raie ; lesquelles à 100 francs chaque, donnent un montant de . . . . . . . . . . . . . . . . . . 1,000

Plus 13 herses à dents de fer à 15 francs . . 195

Les semences nécessaires pour les trois cent trente-quatre hectares de terres à blé demandent une somme assez ronde ; mais nous ferons observer que ce débours ne sera qu'un prêt, en nature, fait par l'administration ; cette avance sera rendue lors de la récolte.

La première année, à cause des travaux généraux, qui, occuperont les hommes à l'établissement de la ferme, il ne sera ensemencé que 167 hectares ; à un hectolitre et demi par hectare, il faudra 250 hectolitres de blé à fr. 28. . . . . . . 7,000

La seconde année les semences seront prises sur la récolte.

Les champs, disposés pour les vignobles, comportent, avons-nous dit, une étendue de 666 hectares ; un quart, seulement, sera mis en culture ; la société se procurera les ceps ; mais en supposant, qu'elle soit dans l'obligation d'avoir recours à l'étranger pour des qualités choisies ; une somme de deux mille francs, suffit pour cette dépense. . . . . . . . . . . . . . . . . . . 2,000

*A reporter.* . . . 13,495

*Report.* . . . 13,495

Les années suivantes cette culture ne demandera aucune mise dehors.

Six cent soixante-six hectares doivent être mises en vergers ; il est aisé de concevoir, que ces plantations ne pourront avoir lieu toutes en même temps. Après que la nouvelle colonie aura établi, dans ses terres, une pépinière, pour suffire à ses propres besoins, car, une hectare de terrain, ne comporte pas moins de 150 arbres, et en les espaçant à 8 mètres l'un de l'autre, il faudrait 135,000 pied d'arbres ; qui ne seront acquis que successivement.

Les frais d'établissement, de cette pépinière, se borneront à ceux d'achat de 50,000 jeunes plants d'arbres essences diverses à fr. 40 le mille. 2,000

Les prairies demanderont peu d'avances, en semences. Sur les 1500 hectares de prairies de luxe et de prairies permanentes, il n'en sera d'abord établi que 200 hectares environs ; dont la semence, à 15 kilog. par hectare, n'exige que 30 quintaux métriques de grains à fr. 50. . . . 1,500

Le restant des terres à complanter en prairies seront ensemencées avec les graines recoltées sur la ferme.

Les jardins potagers ne demandent pas une forte dépense : d'abord placés au tour du village, ils ne seront nécessaires, pendant la première

*Report.* . . . 16,995

*Report.* . . . 16,995

année, que pour les besoins de la population. Ce genre de culture ne se développera et ne prendra une importance réelle, que, lorsque les produits du jardinage, iront alimenter les marchés d'Alger et de Cherchell.

| | |
|---|---|
| Nous portons l'achat des premières graines à | 100 |
| Faux frais et dépenses imprévues. . . . . . | 2,000 |
| TOTAL. . . . . | F. 19,095 |

Cette somme est très minime si nous la comparons à l'importance de la création, qui nous occupe. Continuons notre examen des dépenses et voyons ce que l'Etat aurait à avancer, pour assurer l'existence de notre société.

La population de la Ferme-Village représente, à peu près, le personnel d'un bataillon de l'armée. L'Etat aurait à sa charge, pendant trois ans, la nourriture de ce bataillon, en lui fournissant soit les rations en nature, soit la valeur du montant de ces rations, laissant, dans ce dernier cas, à la société, le soin de se les procurer elle-même.

Nous devons faire observer ici, que la dépense du gouvernement serait considérablement restreinte, puisque le chiffre de cette avance sera réduit de tout ce qui s'applique à la solde ou au prêt ; l'allocation ne devant comprendre que ce qui a trait à l'alimentation.

L'administrateur en chef, assimilé au grade de chef de bataillon, recevrait trois rations par jour ; la ration est évaluée à 0,38 centimes, les trois rations coûtent fr. 1 14 c.,

| | |
|---|---|
| ce qui donne pour le montant de l'année. . F. | 416 10 |
| Le chef de culture, l'aumônier, le major, l'ingénieur-architecte, l'instituteur, le maréchal-vétérinaire, tous six, assimilés au rang de capitaine, recevraient chacun, deux rations par jour, d'une valeur de 0, 76 c., formant pour les six : fr. 4, 56 c., nous portons par an . . . . . . . . . . . . . . . . | 1,664 40 |
| Les six sous-chefs, le maître de musique et l'interprète, assimilés, tous les huit, au grade de lieutenant, percevraient, journellement, une ration et demie chacun ; ce qui donne un total quotidien de fr. 4, 56 c. par an. . . . . . . . . . . . . . . . . . . | 1,664 40 |
| Les sept cent-quatre-vingt-cinq colons, formant la masse de la population, de tout sexe et de tous âges, traités comme simples soldats, recevraient chacun leur ration de 0.38 centimes, s'élevant, par jour, à 298 fr. et par an à. . . . . . . . . . . . . . . . | 108,770 » |
| Total. . . . . F. | 112,514 90 |

Ce total, renouvelé pendant trois années, donne le chiffre de fr. 337,544 70 c., si nous y additionnons les fr. 19,095 dont nous avons parlé, pour l'achat des instruments aratoires et des semences, nous trouvons que la dépense afférant à l'état, ne s'élève qu'à fr. 356,639 70 c.

## CONCLUSIONS.

La combinaison, sur laquelle est fondée notre société, consiste à réunir les forces exécutrices individuelles, à les faire mouvoir, dans l'intérêt général, pour que le profit final soit partagé entre tous, dans des proportions données.

Et, pour que ce profit soit réparti avec justice, entre les colons associés, les heures de travail seront capitalisées en un compte-courant, de manière à ce que celui, qui aura moins travaillé, soit moins rémunéré, et que la portion de ses bénéfices ne lui soit attribuée que dans la proportion de son activité.

Un exemple pour rendre sensible ce problème, qui pourrait paraître paradoxal :

Le colon doit 3,000 heures de travail par an, il n'en donne que 2,500 ; il y a donc cinq cents heures, dont il frustre la société, ou soit d'un sixième. Lors du réglement de son compte, à la fin de l'année, le solde, qui représentera la part lui revenant, sera porté à nouveau, moins un sixième.

Si nous nous élevons de la personnalité sociale aux hautes questions, qui se rapportent à la colonisation en général, aux intérêts gouvernementaux, nous dirons qu'avec ce système de colonies d'associés, dont la création et l'existence doivent émaner de l'Etat, l'Algérie serait bientôt fourmie de centres de population, dont le succès et la durée ne peuvent être mis en doute.

Le pays est engagé dans la voie de la colonisation : il ne peut en dévier, sans mettre en péril l'avenir et la conservation de sa conquête; or, il a trop fait, pour sa prospérité, pour qu'il ne fasse pas encore davantage. La possession et la colonisation du nord de l'Afrique, sont des questions vitales, pour la France ; il s'agit de prouver au monde, que cette grande œuvre doit s'accomplir, et cette fin sera la conséquence de ces puissantes associations, devant lesquelles reculent et disparaissent même, tous les horisons possibles.

Si les conditions créatrices de ces centres, paraissaient trop onéreuses à l'Etat, deux moyens lui sont ouverts, pour arriver au but, sans que les finances du pays aient à éprouver une atteinte regrettable.

Le premier consiste à livrer ces concessions et ces divers centres, à la spéculation privée, des grandes associations.

Le second tend à faire exécuter, par la nation française, la fondation de ces fermes-villages ; pour cela, comme déjà le gouvernement en avait eu la pensée, décréter, que chaque département s'imposera extraordinairement, pour fournir aux frais d'établissement et de première installation, de ces sociétés ; ou bien, faire un emprunt à la population départementale ; pour cela créer des coupons de rentes, garantis par l'Etat et hypothéqués sur la valeur foncière des concessions elles-mêmes.

En effet, quatre-vingt-six départements se divisent le sol français ; un million de francs peut être aisément voté, par chacun d'eux, pour accorder à l'Algérie le développement, qui doit réagir avec tant d'efficacité, sur le bien être national ; car, avec le climat et la fertilité proverbiale de cette colonie, la France, dans un temps peu éloigné, ne sera plus tributaire de l'étranger.

Ces quatre-vingt six millions feront, en quelque sorte, éclore, quatre-vingt six villages, qui défricheront, dans les trois premières années, de leur existence, 344,000 hectares ou soit le sixième environ du territoire algérien.

De cette manière, tout l'honneur de la colonisation, en reviendra au peuple français; et l'Etat surveillera plus efficacement l'administration et les progrès de ces sociétés.

Nous ne pousserons pas plus loin nos démonstrations ; il n'est pas nécessaire d'employer une plus longue dissertation, pour prouver notre raison d'être, ainsi que les précieux résultats de notre existence. Cette colonie n'est pas seulement appelée à prospérer isolée, par ses cultures et ses produits, elle doit, de plus, par sa situation topographique, attirer à elle le commerce étranger, et ouvrir à tous, un des marchés les plus importants de l'Algérie.

Alger peut être et rester la ville forte, la ville capitale ; mais à cause des difficultés qui l'entourent, elle ne sera jamais le point logique du commerce et des échanges.

Notre système d'union en société, qui veille tout d'abord aux intérêts privés et quotidiens de l'individu, doit aussi élever ses vues spéculatives au profit de la science et de l'art.

Nous comptons grouper autour de notre petite colonie, toutes les industries particulières, qui peuvent naître de ses produits : Les céréales auront leur minoterie ; la sériculture, ses sérigènes, pour le dévidage et le moulinage ; la pisciculture, ses ateliers de salaisons et de conserves alimentaires, pour l'emploi d'une partie des sels marins, récoltés sur les lieux ; la boucherie, ses fabriques de noir animal, de gelatine, de bougies, de lavage des laines, de mégisserie ; une distillerie pour exploiter les produits qui recouvrent naturellement le sol, tels que les asphodèles, etc., etc., et une foule d'autres petits établissements, qui permettent de tirer parti de tout ce qui se perd dans les fermes et villages, qui ne sont pas montés, sur une échelle assez vaste.

Sous de tels principes, notre ferme n'est pas du nombre de celles, éphémères, passagères dont ont peut, en quelque sorte, fixer les années d'existence ; c'est un village, fondé sur un travail agricole, industriel, maritime, qui renaît de lui-même, se transfigure journellement et annuellement, par la création et l'émission de nouveaux produits et qui accroît son importance, en continuant d'être.

La colonisation de l'Algérie est devenue œuvre nationale ; la France doit trouver, dans l'exécution de cette grande question d'économie, l'intérêt d'elle-même, le plus dévoué ; elle doit souder le sol africain, à son territoire ; car, ce point deviendra la mamelle, qui lui donnera la vie, qui assurera la satisfaction de ses besoins naturels et luxueux : De ce point naîtront, dans un temps, qui n'est pas éloigné, les éléments de sa gloire future et de sa prospérité.

www.ingramcontent.com/pod-product-compliance
Ingram Content Group UK Ltd.
Pitfield, Milton Keynes, MK11 3LW, UK
UKHW020342250726
13967UKWH00005B/2072

9 782012 931541